はじめに

太陽の光もとどかない暗闇の世界「深海」。そこは地球最後のフロンティア（未開拓地）ともよばれ、海水そのものと高い水圧によって、人が近づくことをはばんできた場所です。本格的な有人潜水船が開発されたのは、人類の歴史でいえばごく最近、20世紀なかばになってからです。以来、世界中の研究者たちによって深海の調査・研究がすすめられ、なぞにみちた深い海や海底のようすが少しずつあきらかになってきました。日本でも、高い海洋探査技術をいかして、深海の調査・研究をすすめています。その主役は、有人潜水調査船「しんかい6500」と、最新技術を搭載したさまざまな無人探査機たちです。この本では、世界の海で活躍する日本の調査船や探査機のはたらきやしくみについて、くわしく解説しています。では、深い海にもぐって深海探検にでかけましょう。

もくじ

深海って、どんなところ？ …………………………………………………………… 4
 最深部は水深1万m以上 ……………………………………………… 4
 深海の特徴 ……………………………………………………………… 5
海から地球を調べるJAMSTEC（海洋研究開発機構） ………………………… 6
 JAMSTECの活動拠点 ………………………………………………… 7

第1章 深海のスーパースター「しんかい6500」 ……………… 8

深海への挑戦 ………………………………………………………………………… 10
 深海探査のはじまり …………………………………………………… 10
 日本の深海探査 ………………………………………………………… 11
 6000m級の有人潜水調査船 ………………………………………… 11

世界にほこる有人潜水調査船「しんかい6500」の誕生 ……………… 12
　「しんかい6500」の建造 ……………………… 12
　「しんかい6500」の4つのミッション ……………… 13
「しんかい6500」大解剖！ ……………………………………… 14
乗員とコックピット ………………………………………………… 16
深海潜水調査船支援母船「よこすか」 …………………………… 18
「しんかい6500」の1日 …………………………………………… 20
画期的な発見と大きな成果 ………………………………………… 22
　「しんかい6500」調査の歴史 ………………… 23
「しんかい6500」から見える深海と深海生物 …………………… 24
「しんかい6500」の整備・検査 …………………………………… 26

第2章　深海にいどむ船舶・探査機　　　　　　　　　　　　　28

深海調査で活躍するJAMSTECの船舶・探査機 ………………… 30
地球深部探査船「ちきゅう」 ……………………………………… 32
深海調査研究船「かいれい」 ……………………………………… 34
海底広域研究船「かいめい」 ……………………………………… 36
無人探査機「ハイパードルフィン」 ……………………………… 37
無人探査機「かいこう」 …………………………………………… 38
　▶初代「かいこう」の成果 …………………… 39
自律型無人探査機（AUV） ………………………………………… 40
　JAMSTEC　深海巡航探査機「うらしま」 ………… 40
　▶全自動長距離航走を成功にみちびいた技術 ……… 41
　JAMSTEC　深海探査機「ゆめいるか」 …………… 42
　JAMSTEC　深海探査機「じんべい」 ……………… 42
　JAMSTEC　深海探査機「おとひめ」 ……………… 42
　海上保安庁　自律型潜水調査機器「ごんどう」 …… 43
深海調査Q&A ……………………………………………………… 44

　さくいん ………………………………………………………… 46

深海って、どんなところ？

深海とは、どれくらい深いところをいうのでしょうか。一般的には、深度200m以上の海を「深海」とよんでいます。深海は、暗くてつめたくて、深くなればなるほど水圧が高くなり、生き物にとって過酷な環境です。

最深部は水深1万m以上

海の中にも、陸地とおなじように山や谷があります。海の谷は海溝といい、西太平洋にあるマリアナ海溝の水深は1万m以上です。世界最高峰のエベレストの高さが8848mですから、いかに深いかがわかります。海は、深さによって大きく5つの層にわけられ、浅いほうから順に「表層」「中深層」「漸深層」「深海層」「超深海層」とよんでいます。

海の表層と深海の割合

- 表層 5%
- 深海 95%
（体積比）

世界の海のほとんどを深海がしめていることがわかる。

▶ 海の5つの層と海底のよびかた

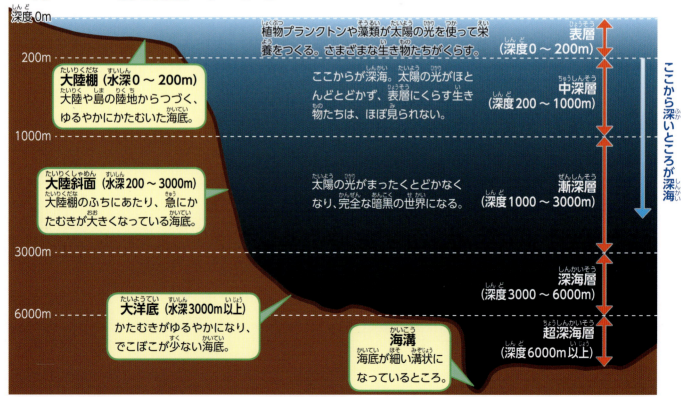

- **大陸棚（水深0〜200m）** 大陸や島の陸地からつづく、ゆるやかにかたむいた海底。
- **大陸斜面（水深200〜3000m）** 大陸棚のふちにあたり、急にかたむきが大きくなっている海底。
- **大洋底（水深3000m以上）** かたむきがゆるやかになり、でこぼこが少ない海底。
- **海溝** 海底が細い溝状になっているところ。

- 表層（深度0〜200m）：植物プランクトンや藻類が太陽の光を使って栄養をつくる。さまざまな生き物たちがくらす。
- 中深層（深度200〜1000m）：ここからが深海。太陽の光がほとんどとどかず、表層にくらす生き物たちは、ほぼ見られない。
- 漸深層（深度1000〜3000m）：太陽の光がまったくとどかなくなり、完全な暗黒の世界になる。
- 深海層（深度3000〜6000m）
- 超深海層（深度6000m以上）

ここから深いところが深海

※水面（海面）から水底（海底）までの深さを「水深」、水面（海面）から水底（海底）までのあいだの深さの度合いを「深度」という。

深海の特徴① 暗闇の世界

海は太陽の光を少しずつ吸収するので、深いところにいくほど、太陽の光がとどかなくなります。深度200mあたりまでが、植物プランクトンが太陽の光を使って光合成をおこない、みずから栄養をつくりながら生きていくことができる限界の深さです。そこでは、植物プランクトンを食べる多くの種類の生物が生きていくことができます。しかし、さらに深くなると、太陽の光がじゅうぶんとどかず、生物の種類はぐっとへります。深度1000m以上になると、太陽の光がまったくとどかなくなり、海は暗闇の世界になります。

「しんかい6500」から見えた水深6481mの海底。

「しんかい6500」に乗りこむパイロットの潜航服。深海の寒さにたえられる素材・デザインが採用されている。

深海の特徴② 低温の世界

海の浅いところの温度は、太陽の光の量によって大きくかわります。緯度の低い赤道付近に近づくほど、海水の温度は高くなり、緯度の高い北極や南極に近づくほど低くなる傾向にあります。ところが、深度2000m以上になると、高緯度の海でも低緯度の海でも、だいたい2〜3℃程度という低温の世界になります。

深海の特徴③ 高圧の世界

ふだんは感じませんが、わたしたちは空気の重さを体にうけています。この空気の重さによってかかる圧力を「気圧」といいます。標準的な地表の気圧は1気圧で、1cm²に対して約1kgの重さがかかります。水の重さによってかかる圧力を「水圧」といい、深くなるほど水圧は高くなります。水圧は深度に比例し、10m深くなるごとにおよそ1気圧ふえていきます※。深度1000mでは、100気圧以上の圧力、1cm²あたりに100kg以上の重さがかかります。

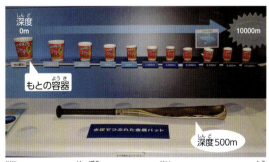

左はしにある発泡スチロール製のカップめんの容器に、深度1000mごとに圧力をかけていった。右はしの深度1万mでは、容器はずいぶん小さくなり、水圧の大きさがよくわかる。深度500mでは、水圧で金属バットもおしつぶされる。

※気圧・水圧……ともに圧力をしめす単位「Pa（パスカル）」をもちいてあらわす。1気圧は10万1325Pa（パスカル）。100倍を意味するh（ヘクト）を使ってあらわすと、約1013hPa（ヘクトパスカル）となる。

海から地球を調べる
JAMSTEC（海洋研究開発機構）

世界の海で最先端の研究や技術開発をつづけている日本の組織、それがJAMSTEC（国立研究開発法人 海洋研究開発機構）です。JAMSTECは、海洋科学技術の発展のために、海洋・地球・生命の統合的な理解をめざして研究開発をおこなっています。

JAMSTECは、1971年に設立（当時は「海洋科学技術センター」）されました。それ以来、技術開発をつづけるとともに、さまざまな研究船、探査機、海洋観測機器、実験装置などをもちいて研究してきました。

1989年に完成した有人潜水調査船「しんかい6500」は、海底の地形や地質、深海生物などの調査をくりかえし実施しています。原子力船「むつ」を改造して、1996年にうまれかわった海洋地球研究船「みらい」は、北極海、太平洋、インド洋など、広い範囲で活動をつづけています。2005年には、マントル※まで掘ることをめざす地球深部探査船「ちきゅう」が建造されました。また、内蔵コンピューターで自律して航行できる深海巡航探査機「うらしま」、大深度まで潜航できる無人探査機「かいこう」といった探査機を開発・運用して、海洋の調査をつづけています。

JAMSTECの横須賀本部。

JAMSTECの本部は神奈川県横須賀市にあります。横須賀本部には、深度約1万5000m相当の深海の圧力を再現できる高圧実験水槽など、各種の研究施設がそなえられています。ほかに、神奈川県横浜市、青森県むつ市、高知県南国市、沖縄県名護市などに活動拠点があります。

JAMSTECのマーク
円の上部はライトブルーで「空」を表現し、下部はダークブルーで「海」を表現している。中央の2本の線で「波」を表現し、左上に「JAMSTEC」と英語表記の名前を配置している。

※マントル……地球は「地殻」という岩石におおわれており、その地殻の下には「マントル」という、カンラン石を主体とする岩石がある。

JAMSTECの活動拠点

むつ研究所
海洋地球研究船「みらい」の母港であり、海洋環境についての研究をすすめる。

横浜研究所
スーパーコンピュータ「地球シミュレータ」があり、地球環境予測研究などをすすめる。

横須賀本部
JAMSTECの本拠地。海と地球についての研究や海洋調査のための技術開発をおこなう。

高知コア研究所
海底掘削コア（海底から掘りだした地層のサンプル）の分析、研究、保管をおこなう。

国際海洋環境情報センター（GODAC）
海洋・地球環境情報の収集、デジタル化・整理保存、提供などをおこなう。

第1章
深海のスーパースター「しんかい6500」

深度6500mの深さまでもぐることができる「しんかい6500」は、世界でも最高クラスの性能をほこる有人潜水調査船です。1989年に完成して以来、太平洋、インド洋、大西洋と、世界の海で深海の調査をおこなっています。深度6500mの深海は、太陽の光がまったくとどかない暗闇の世界であり、信じられないほど強烈な水圧をうけます。「しんかい6500」は、果敢な挑戦をくりかえし、だれも知りえなかった"地球"や"生命"のひみつにせまりつづけています。

深海への挑戦

　深海は、地球にのこされた最後のフロンティア（未開拓地）ともいわれます。深海に魅了された科学者たちは、あふれる情熱とチャレンジ精神で、これまで多くの発見をしてきました。しかし、深海という未知の世界への旅は、まだはじまったばかりです。

深海探査のはじまり

　潜水による近代的な深海探査がはじまったのは、20世紀にはいってからです。当然、生身の人間がそのまま深海にもぐることはできないため、高い水圧にたえられる乗り物をつくらなくてはいけません。

　1930年、2人のアメリカ人が直径約1.5mの鋼鉄の玉にはいり、母船からつるされて深度435mに到達しました。「バチスフェア」とよばれるこの潜水球は、4年後、北大西洋のバミューダ諸島沖で、深度923mの潜水記録をだしました。

　第二次世界大戦がおわった3年後の1948年、オーギュスト・ピカールというスイス人の物理学者がベルギーで、自力で動く世界初の有人潜水船「FNRS-2」を完成させました。もともと気球の開発をしていたピカールは、気球の原理を応用して潜水船をつくったそうです。海水よりも軽いガソリンをタンクにいれ、タンクの下に取りつけられた金属球に人が乗りこみました。この構造をもつ潜水船は「バチスカーフ型潜水船」とよばれます。ピカールは、試験的におこなった無人の潜航で1385mの記録をだしました。1954年、改良機の「FNRS-3」がフランス海軍の主導でつくられ、深度4176mの潜航に成功しました。

　一方、おなじ年に、ピカールはバチスカーフ型潜水船「トリエステ」により、地中海で深度3167mまで潜航しました。その後、アメリカ海軍に買い取られた「トリエステ」は、1960年、世界一深いマリアナ海溝の最深部であるチャレンジャー海淵で、深度約1万1000mの潜航に成功します。乗船者はピカールの息子とアメリカ海軍の大尉で、深海底で魚やエビを発見したという報告がされました。しかし、バチスカーフ型潜水船は大量のガソリンが必要だったため、潜水船自体が巨大化し、水中での機動性がじゅうぶんではありませんでした。

「トリエステ」

1964年、アメリカが新型の有人潜水調査船「アルビン」を完成させます。これはガソリンのかわりにシンタクティックフォームという新素材を浮力材として使用する潜水船で、小型で軽く、操作性が格段によくなりました。「アルビン」は、1830mだった当初の最大深度を、のちに4500mまでのばしています。こうして、有人潜水調査船による本格的な深海探査がおこなわれる時代にはいっていきます。

日本の深海探査

　日本では、1951年、北海道大学が有人の潜水探測機「くろしお」を完成させました。これは、母船から探測機をつるして潜航するもので、深度200mまで潜航が可能でした。9年後には、母船をはなれて自走し、海中を自由に動きまわれるように改良された「くろしおⅡ」が完成しています。

　1969年、深度600mまでもぐれる有人潜水調査船「しんかい」がつくられました。当時、日本では、生物資源や地下資源が豊富な大陸棚を調査する必要があったのです。「しんかい」によって、海底の地形や地質の調査、生物の調査などがすすめられました。

6000m級の有人潜水調査船

　1971年、海洋科学技術センター（のちの海洋研究開発機構）が設立されると、6000m級の有人潜水調査船の研究開発がすすめられました。センター設立の10年後、1981年にその中間段階である「しんかい2000」が完成し、20年以上にわたって調査活動をつづけ、1411回の潜航をはたしました。

　1980年代にはいると、フランス、アメリカ、ロシアなどの国で、6000m級の有人潜水調査船がつぎつぎに開発されました。

　フランスでは、1984年に深度6000mまでもぐれる「ノチール」を完成させています。1985年、アメリカでは、「シークリフ」を改造して、最大深度を6100mにまでのばしました。ソビエト連邦（現在のロシア）では、1987年に最大深度6000mの「ミールⅠ」「ミールⅡ」を完成させました。

　そして1989年、日本が最大潜航深度6500mの「しんかい6500」を完成させます。これにより、科学調査のための有人潜水調査船として深度6500mの深海にいどんでいくことになりました。

「しんかい2000」

「しんかい6500」

世界にほこる有人潜水調査船「しんかい6500」の誕生

世界でも、深度6000m以上の深海をもぐれる有人の調査船は、かぞえるほどしかありません。過酷な環境の中で安全に調査活動ができる有人潜水調査船「しんかい6500」は、深海の調査・研究において非常に重要な存在であるばかりか、さまざまな分野の科学者たちからも期待されています。

「しんかい6500」の建造

有人潜水調査船「しんかい2000」は、深海の調査・研究において、たくさんの成果をあげてきました。深海底から300℃の熱水がふきあげている熱水噴出孔（⇨p.25）を日本ではじめて発見し、液状化した二酸化炭素ハイドレートも発見しています。また、深海の生態系の研究においても、重要な役割をはたしてきました。

この「しんかい2000」の建造・運用でつちかわれた技術や経験をいかし、6000m級の有人潜水調査船が開発されることになりました。しかし、新しい潜水調査船をつくるにあたっては、最大潜航深度を何mにするかが大きな議論になりました。

日本の近海には水深6000mをこえる深海が広がっており、海底資源や地震調査など、海洋科学の調査をおこなうことが重要だといわれていました。そこで、新しい潜水調査船の最大潜航深度が6500mにきめられ、いまも世界の海で活躍する有人潜水調査船「しんかい6500」が誕生したのです。

データ

【全長】9.7m　【幅】2.7m　【高さ】4.1m（垂直安定ひれ頂部まで4.3m）
【耐圧殻内径】2.0m　【空中重量】26.7トン　【ペイロード※】150kg（空中重量）
【最大潜航深度】6500m　【最大速力】3ノット※
【通常潜航時間】8時間
【ライフサポート時間】5日（120時間と通常潜航時間の9時間）
【搭載機器】ハイビジョンテレビカメラ（2台）、CTD／DO観測装置（1台／塩分・水温・圧力計、溶存酸素の測定器）、デジタルカメラ（1台）、マニピュレータ（7関節2台）、可動式サンプルバスケット（2台）、航海装置など
【乗員数】3名（パイロット2名、研究者1名）

※ペイロード……搭載可能な機材、採取するサンプルの重量のこと。
※ノット……船などの速度の単位。1ノットは1時間で1海里（1852m）を移動できる速度。

「しんかい6500」の4つのミッション

「しんかい6500」には、4つの重要なミッション（使命）があります。

1つめは、地球内部の動きをとらえることです。地球の表面は、厚さ数十kmから100km程度の巨大でかたい「プレート」によって全体がおおわれています。プレートの数は大きくわけると十数枚で、どれも少しずつ動きつづけています。プレート同士の境目で、プレートがしずみこんでいる海溝や、新しいプレートがうまれる海嶺など、地球内部にかかわる現象を調査し、地球の成り立ちを解明していきます。とくに巨大地震はプレートがしずみこむところでおこることが多いので、地震研究には欠かせません。

2つめは、生物の進化を解明することです。深海には、独自の進化をとげてきた生物がたくさんいます。化学合成生態系もそのひとつです。これは太陽のエネルギーにたよらず、地球内部からわきだす硫化水素やメタンを利用して生きる生物たちのことです。こういった生物を調べることで、生物の起源や進化の過程を解明できるのではないかと考えられています。

3つめは、深海生物の利用と保全です。いまも世界の人口はふえつづけています。そこで、これから直面する食料問題についての研究が必要とされています。さまざまな機能をもつ深海生物の遺伝子を調べることで、その有用性を発見できる可能性もあります。

4つめは、熱や物質の循環を解明することです。気候や潮流などの変化は、海底につもったさまざまな物質にのこされています。また、海底から放出される熱や物質は地球環境に少なからず影響をあたえています。こうした物質や現象を調べることは、地球環境についての重要な研究につながるのです。

日本の周囲のプレート

日本列島は、「ユーラシアプレート」「北アメリカプレート」「太平洋プレート」「フィリピン海プレート」という4つのプレートの境界線上に位置している。これらを調査・研究することが地球の成り立ちや物質の循環を解明することにつながる。

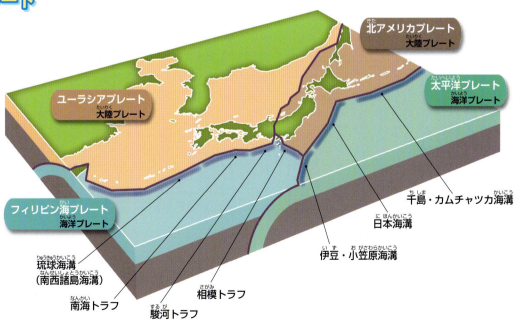

「しんかい6500」大解剖！

　世界でも最高クラスの性能をほこる有人潜水調査船「しんかい6500」。この調査船には、さまざまな先端技術が各所に導入されています。どのような構造をしているのか、そのひみつをさぐってみましょう。

耐圧殻　コックピット（操縦室）が内蔵された球形の部屋。軽くてじょうぶなチタン合金でできている。コックピット内の空間は直径約2m。

マニピュレータ　コックピットから操作できるロボットアーム。岩石や海水の採取など、海底での作業で使われる。水中では、約100kgのものをもちあげることができる。

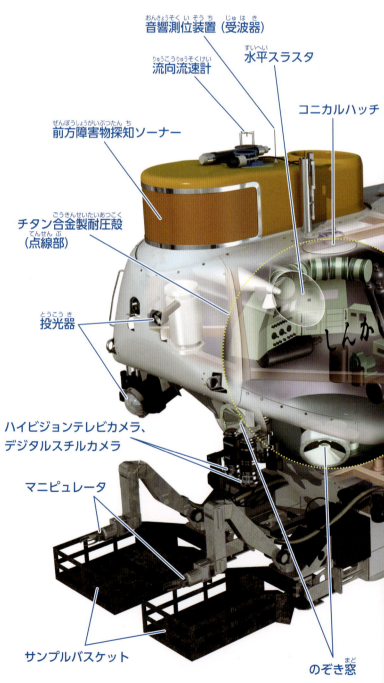

- 音響測位装置（受波器）
- 流向流速計
- 水平スラスタ
- 前方障害物探知ソーナー
- コニカルハッチ
- チタン合金製耐圧殻（点線部）
- 投光器
- ハイビジョンテレビカメラ、デジタルスチルカメラ
- マニピュレータ
- サンプルバスケット
- のぞき窓

改造前

改造後

スラスタ（推進器） 水中で自由に移動するための装置。プロペラの回転によって水をおしだす。上の写真の矢印はメインスラスタ（主推進器）。2012年の大幅な改造により、メインスラスタは1基から2基にふえた。これ以外に水平スラスタと垂直スラスタがそれぞれ2基ずつあり、合計6基が装備されている。

メインバラストタンク

垂直安定ひれ

同期ピンガ

水平スラスタ

メインスラスタ（主推進器）

水平安定ひれ

トリム調整タンク

油圧ポンプユニット

主蓄電池
専用に開発された2台のリチウムイオン電池によって電力をまかなっている。

垂直スラスタ

補助タンク

バラストウエイト
船体をしずめるためのおもり。切りはなすことで船体がうかぶようになっている。

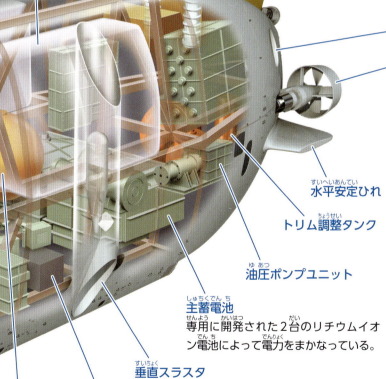

浮力材 浮力材は高い水圧にたえられなければならない。「しんかい6500」では、内部が空洞で、直径0.1mm以下の小さなガラス球をエポキシ樹脂でかためたものを使用している。海水よりも小さい比重でありながら、高い水圧がかかっても変形することがない。

乗員とコックピット

　「しんかい6500」のコックピットは、内部が直径2mほどで、チタン合金製の耐圧殻で守られています。乗員はパイロット2名と研究者1名です。厚さ約14cmのメタクリル樹脂製ののぞき窓をとおして、海底を観察し、海底のようすを見ながら操縦します。深度200mをすぎると太陽の光がほぼとどかなくなるので、投光器を点灯しますが、それでも肉眼で見わけられる距離は10m程度までです。母船との通信は「水中通話機」をとおしておこなわれます。これは、水中ではとどきにくい電波のかわりに、音波（音響信号）を使っておこなう無線電話です。

「しんかい6500」のコックピットの内部。3名が乗りこんで潜航調査にむかう。写真真ん中のパイロットがマニピュレータのコントローラーを操作している。

コックピット内部

①深度計表示部 ②緊急投棄スイッチ ③警報パネル ④高度／上方監視ソーナー表示部 ⑤電源操作盤 ⑥総合情報表示装置 ⑦左側のぞき窓 ⑧正面のぞき窓 ⑨重量トリム操作部 ⑩右側のぞき窓

のぞき窓は正面・右側・左側と3つあります。コックピットの内部は、酸素ボンベによって純粋な酸素が供給されるとともに、二酸化炭素が取りのぞかれ、地上とおなじ空気にたもたれています。しかし、純粋な酸素は燃えやすいため、コックピット内は火気厳禁です。深度6500mの深海では水温が2℃程度になり、コックピット内もかなり寒くなりますが、乗員は潜航服を着ることで対処しています。

コントローラー（操縦装置）

操縦するための装置がコントローラー。大きな2つのツマミ（上の点線）で水平スラスタを操作し、スライダーツマミ（下の点線）を動かしてメインスラスタを操作して、船体を前進・後進させる。

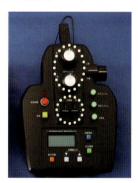

パイロットになるには

「しんかい6500」の船長を「パイロット」といいます。パイロットになるためには、2〜3年ほど、整備作業を経験しながら、システム全体を理解していきます。そして、数回から十数回の訓練潜航をへて、船長補佐（コパイロット）として調査潜航に乗船します。そのあとは、現場で先輩のパイロットから指導をうけつつ、調査潜航の経験をつみながら成長していくことになります。船長になるまでには7〜8年程度かかります。

深海潜水調査船支援母船「よこすか」

　「しんかい6500」は、深海を調査するときには支援母船である「よこすか」によって調査海域まで運ばれます。全長約105mの「よこすか」には、「しんかい6500」を整備できる広い格納庫があります。また、重さが約27トンもある「しんかい6500」を海に着水させるときや、ひきあげて回収する際に使用する巨大なクレーンがそなえられています。

　「よこすか」には、潜水調査船の位置をはかるための測位装置や、研究者が海底で採取してきたサンプルを分析したり、保管したりするための研究室もあります。「よこすか」は、「しんかい6500」の動く基地であり、海にうかぶ研究所でもあるのです。

「しんかい6500」を積載して調査海域へむかう「よこすか」。

「よこすか」のクレーン（Aフレームクレーン）で、海面から慎重にひきあげられる「しんかい6500」。

「よこすか」の船内に格納された「しんかい6500」。整備作業などをおこない、つぎの潜航にそなえる。

データ

【全長】105.2m　【幅】16.0m　【深さ】7.3m　【喫水】4.7m
【国際総トン数】4439トン　【航海速力】約16ノット
【航続距離】約9500マイル　【定員】60名（乗組員45名、研究者15名）
【推進システム】ディーゼル機関（2206kW×2基）、可変ピッチプロペラ×2軸

　海の中では、光が遠くまでとどかないのと同様に、電波も遠くまでとどきません。そこで、潜航中の「しんかい6500」の乗員とは、音波（音響信号）を使った水中通話機で会話をしています。

　音波は、水中を1秒間に約1500mすすむので、「よこすか」から深度6500mの海底までは4秒と少ししかかりません。また、音波を使えば、海底で撮影した画像を伝送することもできます。

　「しんかい6500」で撮影されたカラー画像は、音波を使って「よこすか」へ伝送される。海上にいる「よこすか」でも画像を見られるので、効率よく深海調査がおこなえる。

「しんかい6500」の1日

07:00　作業開始。潜航前に装備や安全などについてのチェックをおこなう。

08:20　乗船開始。支援母船「よこすか」の格納庫から「しんかい6500」をだしてハッチを閉鎖する。クレーンを使って着水させる。着水後の最終確認をおこなう。

09:00　潜航開始。毎分40mで下降するので、6500mまでもぐるには約2時間30分かかる。

メインバラストタンクには空気がはいっている。

メインバラストタンクに海水をいれながら下降。

メインバラストタンクに海水をいれると、同時にタンク内の空気がはきだされるので、たくさんの泡がのぼっていく。

半分のバラストウエイトを切りはなす。

下降にかかる時間：2時間30分

垂直スラスタを操作して、海底まで到達。

11:30　海底に到着し、潜航調査を開始。潜航時間は合計で8時間。水深が浅いとはやく海底に到着するので、長く海底で調査できる。ただし、海底を潜航する時間も長くなるので、電池消費量が多くなる。

有人潜水調査船「しんかい6500」

バラストウエイト

下降するための「下降用バラスト」と、調査終了後に海面へもどるための「上昇用バラスト」の2種類を搭載している。

補助タンクに海水を満タンにすれば、海底で停止できる。

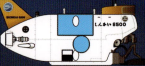

調査できる時間：3時間

深海の調査をおこなう当日、「しんかい6500」は、具体的にどのような活動をしているのでしょうか。潜航する深さによってスケジュールはかわりますが、ここでは、深度6500mの深海にもぐって調査する際の1日の潜航活動をスケジュールにしたがって紹介します。

上昇・下降は、動力を使わずに、タンクへの海水の出し入れと、バラストウエイトの切りはなしだけでおこなっている。浮力材（⇨p.15）が搭載されているので、バラストウエイトを切りはなせば、船体は上昇していく。

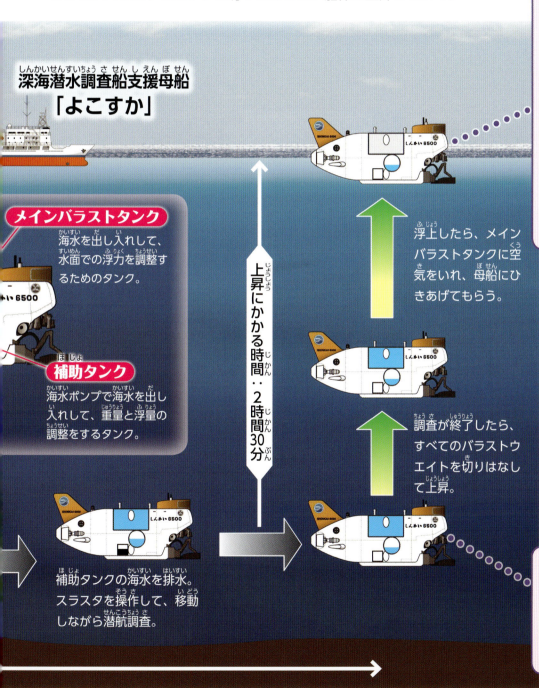

深海潜水調査船支援母船「よこすか」

メインバラストタンク
海水を出し入れして、水面での浮力を調整するためのタンク。

補助タンク
海水ポンプで海水を出し入れして、重量と浮量の調整をするタンク。

上昇にかかる時間‥2時間30分

浮上したら、メインバラストタンクに空気をいれ、母船にひきあげてもらう。

調査が終了したら、すべてのバラストウエイトを切りはなして上昇。

補助タンクの海水を排水。スラスタを操作して、移動しながら潜航調査。

17:00 海面に浮上し、揚収作業を開始。「よこすか」のクレーンを使って「しんかい6500」をひきあげ、ハッチをあけて格納庫へひきこむ。揚収されたあとは、つぎの潜航にそなえて点検をおこなったり、電池を充電したり、研究機材をあらたにのせたりといった準備作業がおこなわれる。

バラストウエイト。下降時に560kgのおもりを搭載している。切りはなすことで浮力を得る。

14:30 調査を終了し、上昇開始。下降するときとおなじ速度で上昇するので、海面までもどるには2時間30分かかる。

画期的な発見と大きな成果

　「しんかい6500」は、1991年に調査潜航を開始して以来、日本の近海はもちろん、世界の海で調査活動をしています。2007年には通算1000回、2014年には通算1400回の潜航をはたし、大きな成果をあげてきました。「しんかい6500」は、地震によってできたと考えられる海底の裂け目、海底下から熱い海水がふきだす熱水域や、そこにすむ生物群などを発見し、知られざる深海のすがたをわたしたちに見せてくれています。

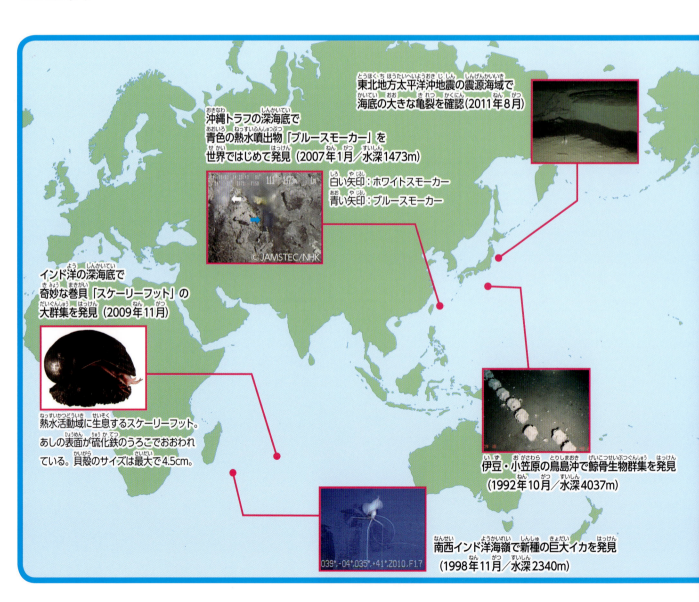

「しんかい6500」調査の歴史

1991年	調査潜航開始
1991年7月	三陸沖で海底の裂け目を発見
1991年7月	三陸沖でナギナタシロウリガイを発見
1992年10月	伊豆・小笠原の鳥島沖で鯨骨生物群集を発見
1994年	大西洋中央海嶺と東太平洋海膨で調査潜航（MODE'94）を実施
1997年6月	三陸沖で多毛類生物を発見
1998年	大西洋中央海嶺と南西インド洋海嶺などで調査潜航（MODE'98）を実施
1998年11月	南西インド洋海嶺で新種の巨大イカを発見
1999年8月	通算500回の潜航を達成
2004年7〜9月	南太平洋を横断しながら深海調査をおこなう長期調査航海「NIRAI KANAI」を実施
2006年8月	沖縄トラフ深海底下で液体二酸化炭素プールを発見
2007年1月	沖縄トラフの深海底で熱水噴出物「ブルースモーカー」を発見
2007年3月	通算1000回の潜航を達成
2009年11月	インド洋で深海の奇妙な巻貝「スケーリーフット」の大群集を発見
2011年8月	東北地方太平洋沖地震の震源海域で海底の大きな亀裂を確認
2012年3月	前年よりすすめられていた「しんかい6500」の大規模な改造が完了
2013年1〜12月	「QUELLE 2013」と名づけられた生命の起源にせまる世界一周航海をおこなう
2014年7月	通算1400回の潜航を達成
2016年2月	「QUELLE 2013」の際に発見した鯨骨生物群集の分析により、鯨骨には41種類の生物がむらがっていて、そのほとんどが新種の可能性が高いことを発表

大西洋中央海嶺で高さ50mの巨大熱水マウンドを発見
（1994年8月／水深約3670m）

ブラジル沖のリオグランデ海膨※で大陸の一部と思われる花崗岩を発見
（2013年5月／水深910m）

この発見により、大西洋上に大陸があったことがあきらかとなり、伝説のアトランティス大陸だったのではないかと話題になる。

※海膨……海底にある隆起部。海嶺よりもゆるやかなもの。

「しんかい6500」から見える深海と深海生物

太陽の光がとどく表層の海には、たくさんの数、多くの種類の生物がすんでいます。しかし、太陽の光がとどかない深海では、栄養源がとぼしく、生物の数も種類もずっと少なくなります。

ところが、深海というきびしい環境の中でも、独自の進化をとげて生きている生物がいます。海底から熱水がふきだしているところでは、深海にもかかわらず、たくさんの生物がむらがっています。

ブラックスモーカー
鉛や鉄などをふくむ熱水が黒い煙のようにふきだしている。チムニーは、熱水の中にとけていた金属鉱物などがひえてかたまってできる煙突。

ユノハナガニ

シンカイヒバリガイのなかま

ゴエモンコシオリエビ

ガラパゴスハオリムシ
(チューブワームのなかま)

イソギンチャク

ハオリムシ
(チューブワーム)

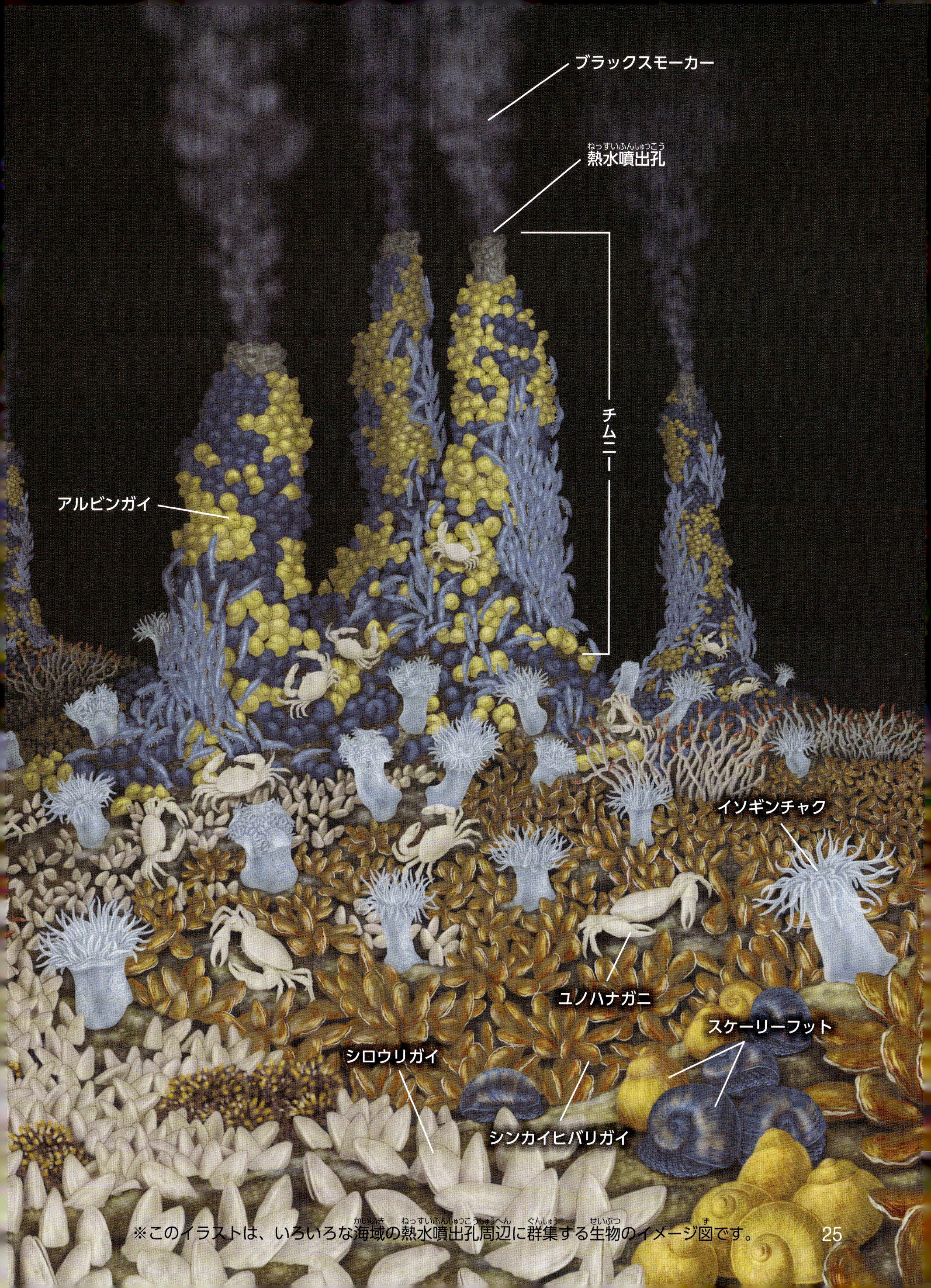

ブラックスモーカー

熱水噴出孔

チムニー

アルビンガイ

イソギンチャク

ユノハナガニ

スケーリーフット

シロウリガイ

シンカイヒバリガイ

※このイラストは、いろいろな海域の熱水噴出孔周辺に群集する生物のイメージ図です。

「しんかい6500」の整備・検査

　深海での調査を安全におこなうために、「しんかい6500」は潜航の前後に点検され、異常がないか、しっかり確認されます。さらに年1回、JAMSTEC横須賀本部の整備場で、約3か月をかけて整備・検査がおこなわれています。船体をばらばらに分解して、部品をすべてチェックし、製造メーカーに補修などもしてもらったうえで、再度、組み立てなおすのです。

1 「よこすか」のAフレームクレーンで「しんかい6500」をつりあげ、トレーラーの荷台へうつす。トレーラーで本部の整備場へ運び、整備場のクレーンで奥の作業ピットに移動させる。

2 船体をおおっている外皮（フェアリング）をひとつずつ取りはずしていく。さまざまな機器類が船体に装着されている状態で、試験や作動状況の確認をおこなう。

3 メインスラスタ（主推進器）や電動機を取りはずす。茶色に見えるのは浮力材のブロック。船体のすきまに組みこまれた浮力材をひとつずつはずしていく。

4 機器類をすべて取りはずし、船体の前部にある白い球体の耐圧殻、後部の黄色い垂直安定ひれ、船体フレームだけをのこす。耐圧殻の点検をはじめる。

5

船体フレームの点検をおこなう。フレームの板材自体に損傷はないか、接合部分に異常はないかなどを点検していく。ビニールシートをかけて、塗装もおこなう。

6

点検をおえた主要な機器類を組み立てていく。これを組上作業という。仮組みをしてみて、作動試験などをおこなったあと、本組みをしていく。中央の白い部品はメインバラストタンク。

7

機器類を調整しながら、ひとつずつ取りつけていき、すきまに浮力材のブロックも取りつける。メインスラスタも船体後部に取りつけられた。

8

清掃しておいた白い外皮を取りつけていく。「しんかい6500」の文字も見えて、しだいにもとのすがたを取りもどしていく。

9

すべての部品が取りつけられ、各部の最終調整や最終チェックをおこなう。これで完了。
母船の「よこすか」に運ばれ、ふたたび潜航にのぞむ。

第2章
深海にいどむ 船舶・探査機

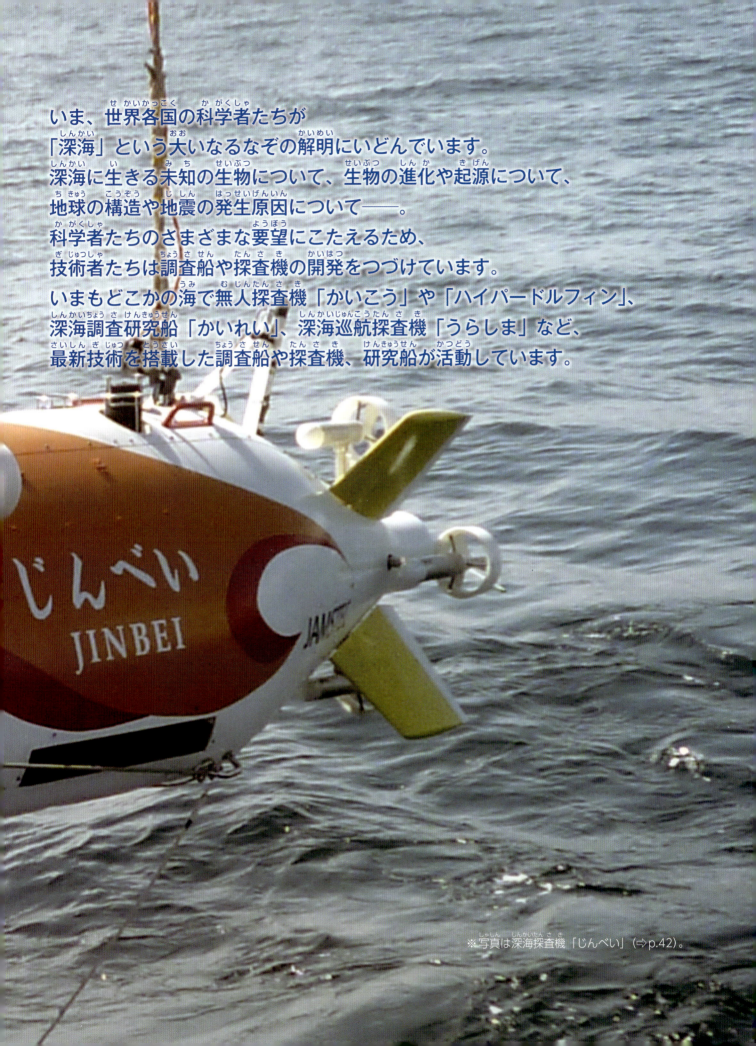

いま、世界各国の科学者たちが
「深海」という大いなるなぞの解明にいどんでいます。
深海に生きる未知の生物について、生物の進化や起源について、
地球の構造や地震の発生原因について——。
科学者たちのさまざまな要望にこたえるため、
技術者たちは調査船や探査機の開発をつづけています。
いまもどこかの海で無人探査機「かいこう」や「ハイパードルフィン」、
深海調査研究船「かいれい」、深海巡航探査機「うらしま」など、
最新技術を搭載した調査船や探査機、研究船が活動しています。

※写真は深海探査機「じんべい」（⇒p.42）。

深海調査で活躍する

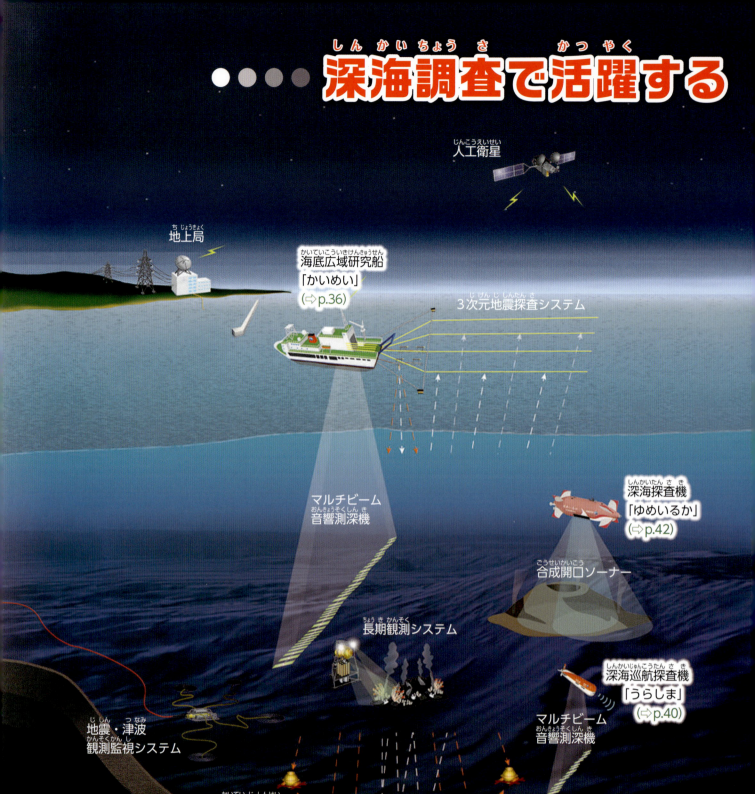

JAMSTECの船舶・探査機

かっこ内の数字はくわしく解説しているページです。

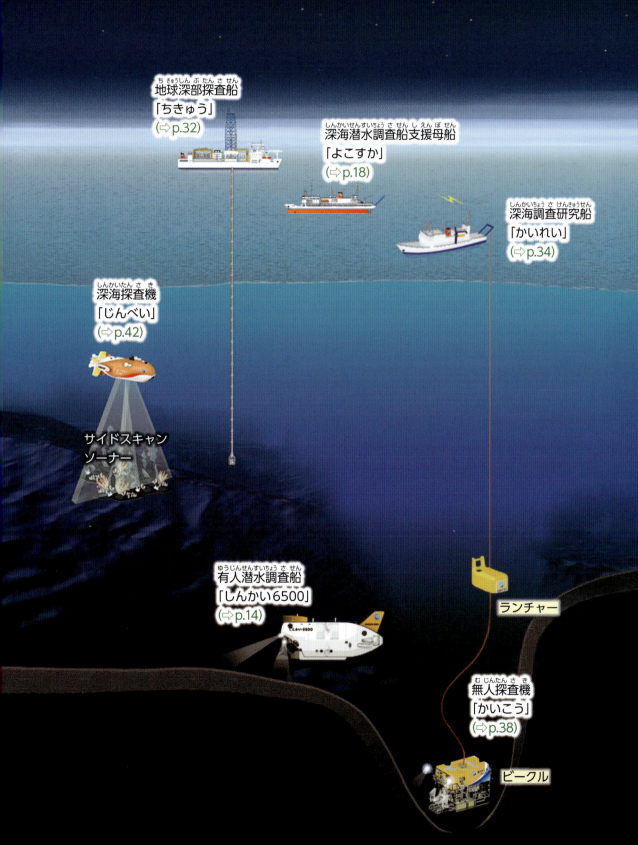

地球深部探査船「ちきゅう」

　地球深部探査船「ちきゅう」は、海底下7000mという世界最高の掘削能力をもっています。2005年7月に完成した「ちきゅう」は、ライザー掘削システムをそなえていて、巨大地震発生帯への掘削を可能にし、さらに人類が到達していないマントルの掘削にむけて技術開発をすすめています。日本、アメリカ、ヨーロッパなどが協力するIODP（国際深海科学掘削計画）の主力船として、地球深部の探査をおこなっています。

　「ちきゅう」には、おもに4つのミッションがあります。1つめは巨大地震のなぞをとくことです。巨大地震の震源域まで掘りすすみ、じかに観察・分析することで、地震発生メカニズムの解明に貢献することが期待されています。

　2つめは、生命の起源にせまることです。地球に最初の生命が誕生したころ、地球は高温、高圧、無酸素の状態でした。地下の奥深くには、いまでも原始地球に類似した環境がのこっています。海底を深く掘ることで、原始的な地下生命を探索し、生命誕生のなぞにせまります。

　3つめは、掘りだした地層から過去をさぐることです。地層には、過去の気候変動や、生物の活動、地殻変動などの痕跡が記録されています。地球の歴史が記録された地層を掘りだして、過去における地球環境の変化を調

地球深部探査船「ちきゅう」。船体中央の高い建造物は「デリック」とよばれる。掘削をおこなうドリルなどをつなげたり、つりさげたりするもので、海面からの高さは約120mある。船底には、風や波で船が動かないようにするために、方向を360度かえられるプロペラ「アジマススラスタ」を6基そなえている。

べ、未来を予測する手がかりとします。

　4つめは、大地を動かしているマントルまで掘りすすむことです。大陸の移動や火山活動などはマントルの対流が原動力になっているといわれています。このマントルの活動が地上にどう影響をあたえるかを調べます。

　「ちきゅう」は、巨大地震発生のしくみ、生命の起源、地球環境の歴史と将来における変動についての研究にくわえ、新しい海底資源の解明など、人類の未来をひらくさまざまな研究に役立てられることをめざしています。

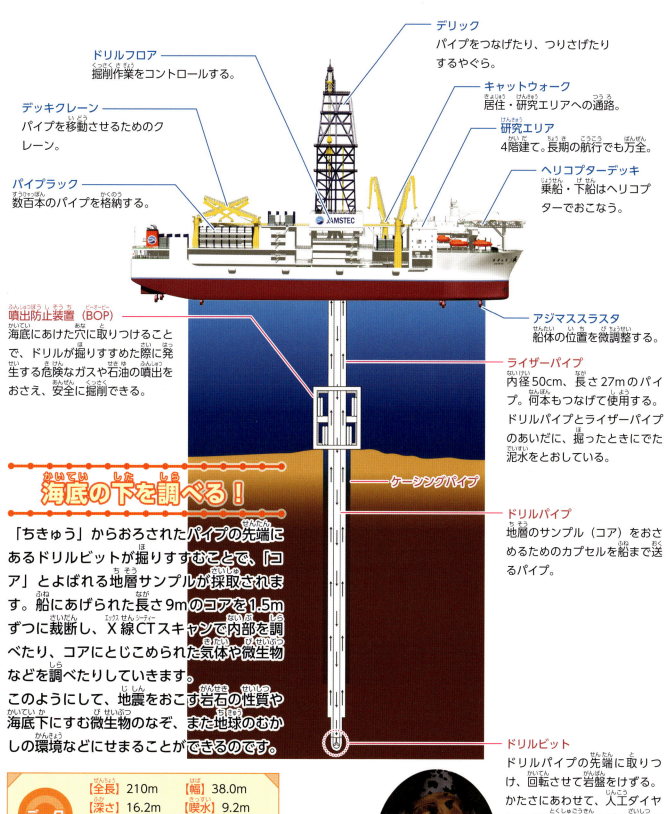

- **ドリルフロア** — 掘削作業をコントロールする。
- **デリック** — パイプをつなげたり、つりさげたりするやぐら。
- **デッキクレーン** — パイプを移動させるためのクレーン。
- **キャットウォーク** — 居住・研究エリアへの通路。
- **研究エリア** — 4階建て。長期の航行でも万全。
- **パイプラック** — 数百本のパイプを格納する。
- **ヘリコプターデッキ** — 乗船・下船はヘリコプターでおこなう。
- **噴出防止装置（BOP）** — 海底にあけた穴に取りつけることで、ドリルが掘りすすめた際に発生する危険なガスや石油の噴出をおさえ、安全に掘削できる。
- **アジマススラスタ** — 船体の位置を微調整する。
- **ライザーパイプ** — 内径50cm、長さ27mのパイプ。何本もつなげて使用する。ドリルパイプとライザーパイプのあいだに、掘ったときにでた泥水をとおしている。
- **ケーシングパイプ**
- **ドリルパイプ** — 地層のサンプル（コア）をおさめるためのカプセルを船まで送るパイプ。
- **ドリルビット** — ドリルパイプの先端に取りつけ、回転させて岩盤をけずる。かたさにあわせて、人工ダイヤモンドや特殊合金などの材質を使いわける。

海底の下を調べる！

「ちきゅう」からおろされたパイプの先端にあるドリルビットが掘りすすむことで、「コア」とよばれる地層サンプルが採取されます。船にあげられた長さ9mのコアを1.5mずつに裁断し、X線CTスキャンで内部を調べたり、コアにとじこめられた気体や微生物などを調べたりしていきます。このようにして、地震をおこす岩石の性質や海底下にすむ微生物のなぞ、また地球のむかしの環境などにせまることができるのです。

データ

- 【全長】210m
- 【幅】38.0m
- 【深さ】16.2m
- 【喫水】9.2m
- 【国際総トン数】5万6752トン
- 【航海速力】12ノット
- 【航続距離】1万4800海里
- 【定員】200名
- 【推進システム】ディーゼル電気推進

ドリルビット / ライザーパイプ

深海調査研究船「かいれい」

深海調査研究船「かいれい」には、無人探査機「かいこう」(⇨p.38)の潜航支援と海底下深部構造の探査、深海底の表面の探査という3つの大きな役割があります。

最大潜航深度7000mまで潜航調査することができる「かいこう」の支援母船として、海溝などの深い海底の調査をおこないます。また、この船は、「マルチチャンネル反射法探査システム」を搭載していて、海底下十数kmまでの地殻の構造をこまかく調べることができます。ほかにも、海底の地形の調査や、海底の堆積物の採取、海底地震計の設置や回収などの作業をおこなっています。

深海調査研究船「かいれい」。

Aフレームクレーン／クレーン／後部操舵室／「かいこう」操縦盤／操舵室

データ

- 【全長】106m　【幅】16.0m　【深さ】7.3m　【喫水】4.7m
- 【国際総トン数】4517トン　【航海速力】約16ノット
- 【航続距離】約9600マイル　【定員】60名（乗組員38名、研究者など22名）
- 【推進システム】ディーゼル機関2206kW×2基、可変ピッチプロペラ×2軸

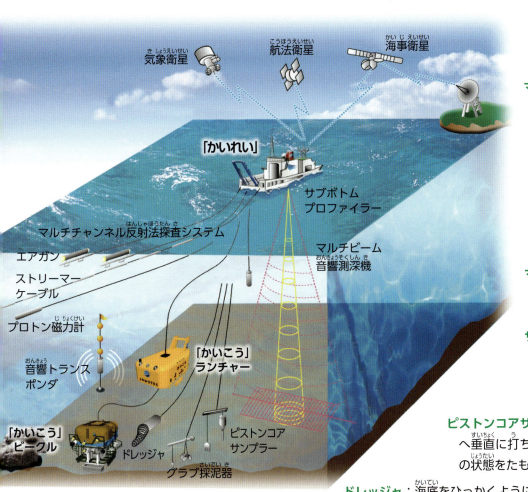

マルチチャンネル反射法探査システム：海面にうかべた「エアガン」から特殊な音波を送り、海底下深くの地層から反射してくる波を「ストリーマーケーブル」でうけ、そのデータから海底下深くの地層の構造を調査する。

マルチビーム音響測深機：音響による測定で海底地形を調査する。

サブボトムプロファイラー：音響による測定で、海底の表層付近の地層の構造を調査する。

ピストンコアサンプラー：筒状の器具を海底へ垂直に打ちこみ、つみかさなった泥を層の状態をたもちながら採取する。

ドレッジャ：海底をひっかくようにして岩石を採取する。

グラブ採泥器：海底の泥などをつかみ取るようにして採取する。

「かいれい」の船内にある「かいこう」の操作席（上）。ここから海中の「かいこう」をコントロールする。右上の写真はマルチチャンネル反射法探査システムのエアガン、右下はストリーマーケーブル。

海底広域研究船「かいめい」

2016年の春に造船所から引渡しをうけ、調査研究航海にむけて訓練をおこなっているJAMSTECの最新船舶が海底広域研究船「かいめい」です。「かいめい」は、海底資源の分布や鉱物・鉱床の生成環境をとらえ、気候変動研究、地震・津波に対する防災・減災研究にも貢献するなど、総合的・効果的に調査研究をおこなうことができる研究船です。

「かいめい」には「サンプリング装置」や「3モード対応地震探査システム」などの最先端の調査機器が装備され、船内には各種研究室やリサーチルームがあり、研究者が船上で、陸上とおなじように分析などの研究活動をおこなうことができます。

また、深度3000mに対応する無人探査機（ROV※）を装備し、複数の自律型無人探査機（AUV※）（⇒p.40）の運用も可能です。

海底広域研究船「かいめい」。

データ

【全長】100.5m 　【幅】20.5m
【喫水】6.0m 　【国際総トン数】5747トン
【航海速力】12ノット
【航続距離】約9000海里
【最大航海日数】40日
【定員】65名（乗組員27名、研究者38名）
【推進装置など】アジマス推進器、昇降旋回式バウスラスタ、トンネル式バウスラスタ、ダイナミックポジショニングシステム

※ROV……Remotely Operated Vehicleの略。
※AUV……Autonomous Underwater Vehicleの略。

▶サンプリング装置

海底に存在する熱水鉱床、コバルトリッチクラストなどの調査・研究に必要な海底のサンプルを採取するための装置です。

▶海底設置型掘削装置

海底に設置してドリルパイプで掘削をおこない、サンプルを採取する。

▶パワーグラブ（2種類）

海底の物質をつかみ取るようにして採取する。左の「6本爪型」はかたい岩盤の海底、右の「シェル型」はやわらかい泥状の海底に対応する。

無人探査機「ハイパードルフィン」

最大潜航深度が3000mとして活躍していた無人探査機「ハイパードルフィン」。現在はシステムの改造により最大潜航深度が4500mになりました。油圧モータで駆動する6基のスラスタにより、高い運動性能をほこります。

観測機器として、「ハイパードルフィン」にはハイビジョンカメラが2台、デジタルカメラが1台搭載されています。また、支援母船とケーブルでつながれており、リアルタイムで船上に映像が送られ、パイロットはその映像を見ながらマニピュレータやスラスタを動かして機体を操縦します。サンプルバスケットに生物を採取する装置なども取りつけることができ、それらをマニピュレータで操作して深海からサンプルを持ち帰ります。

「ハイパードルフィン」は、地震発生後の海底や海底火山の調査などの地質学的な調査から、深海生物の調査まで幅広い調査研究で活躍しています。

「ハイパードルフィン」は、支援母船と5000mの長さのケーブルでつながれ、調査をおこなう。

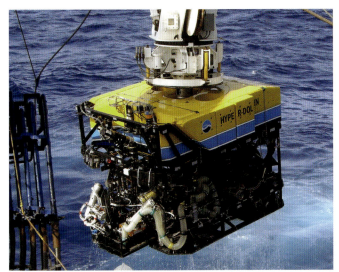

海からひきあげられる「ハイパードルフィン」。

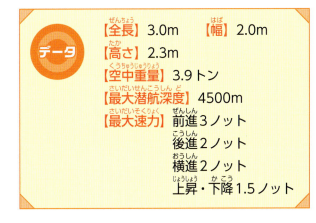

データ
- 【全長】3.0m 【幅】2.0m
- 【高さ】2.3m
- 【空中重量】3.9トン
- 【最大潜航深度】4500m
- 【最大速力】前進3ノット
  後進2ノット
  横進2ノット
  上昇・下降1.5ノット

無人探査機「かいこう」

　無人探査機「かいこう」は、世界でもっとも深い海底の調査を可能とする探査機として建造されました。「かいこう」は、ケーブルでつながった「ランチャー」と「ビークル」という2つの機体から構成されていて、合体させたり分離させたりできます。1995年から活躍し、世界最深部での調査もおこないました。2003年にビークル部分を亡失し、その後、7000mまで調査できるビークルを代替として建造しました。

　「かいこう」の支援母船は、深海調査研究船「かいれい」（⇨p.34）です。深海を調査する際、「かいれい」は、まず、合体した状態のランチャーとビークルを深海へおろしていきます。そして、目標の深さに到達すると、ビークルはランチャーからはなれ、ケーブルのとどく範囲内で自由に動くことができます。ビークルは、カメラで海底を観察し、マニピュレータ（ロボットアーム）で試料採取などの作業をおこないます。

　ランチャーは、母船とビークルをむすぶ中継機としての役割をはたしています。たとえば、深度7000mの深海を調査しようとするとき、7000mもの長いケーブルを母船から直接ビークルにつなげると、ケーブルにかかる水の抵抗やケーブル自身の重さの影響で、ビークルはかなり動きにくくなってしまいます。ランチャーを中継することで、深度7000mでも、ビークルは自由に動くことができるのです。

初代「かいこう」からかぞえて4代目のビークル「かいこうMk-Ⅳ」。2016年4月から研究航海で活躍している。2006年から活躍していた3代目のビークルからパワーアップし、水中で左右それぞれ250kg以上の物体をもちあげられるようになった。世界ではじめて広角魚眼テレビカメラを搭載している。

データ

▶ランチャー
【全長】5.2m
【幅】2.6m
【高さ】2.0m
【空中重量】5.8トン
【最大使用深度】1万1000m

▶ビークル
【全長】3.0m
【幅】2.0m
【高さ】2.6m
【空中重量】5.0トン
【最大使用深度】7000m

海からひきあげられる「かいこう」。

初代「かいこう」の成果

　初代の「かいこう」は、1995年、世界最深部のマリアナ海溝チャレンジャー海淵に潜航しています。水深は1万911mと計測されました。そのときの潜航では、海底にすむゴカイやエビ類を映像で記録し、翌年には深海微生物をふくむ海底堆積物（泥）の採取にも成功しました。

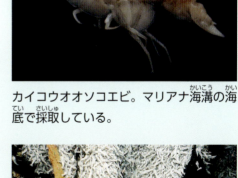

カイコウオオソコエビ。マリアナ海溝の海底で採取している。

マニピュレータを操作して、海底の堆積物を採取する。

熱水噴出孔の周辺に見られる生物群集。

自律型無人探査機（AUV）

水中調査をおこなう探査機のうち、コンピューターと動力源を内蔵し、あらかじめプログラムされた経路を、みずから障害物をさけながら無人で航走できるものを自律型無人探査機（AUV）といいます。母船とケーブルでつながっていないので、船舶や、母船とケーブルでつながっている探査機が近づくことができないような海域でも観測が可能です。JAMSTECが所有・運航している「うらしま」「ゆめいるか」「じんべい」「おとひめ」と、海上保安庁が所有する「ごんどう」を紹介します。

JAMSTEC 深海巡航探査機「うらしま」

深海巡航探査機「うらしま」は、1998年から開発がつづけられている自律型の深海探査ロボットです。この探査機は、内蔵されているコンピューターにオペレーターがあらかじめ航走計画を設定しておくと、それにしたがって自分の位置をみずから計測しながらすすむことができます。2005年には、317kmの全自動長距離航走に成功し、自律型の巡航探査機としての世界記録を達成しています。その際、自律型無人探査機として燃料電池を搭載して航走することにも、世界ではじめて成功しました。

「うらしま」は、海底に接近しながら航走することで、非常に高精細な海底地形データや地下構造のデータを収集することができます。さらに、さまざまな観測装置を搭載することができ、水温や塩分濃度、溶存酸素量など、広範囲の海洋データを収集することも可能です。

より幅広い科学調査のニーズに対応することができるよう、さらに技術開発がつづけられています。

データ
【全長】10.0m
【幅】1.3m
【高さ】2.4m（胴部：1.5m）
【重量】約7トン
【最大使用深度】3500m
【速力】3ノット
【航続距離】100km以上

海からひきあげられる「うらしま」。

深海巡航探査機「うらしま」

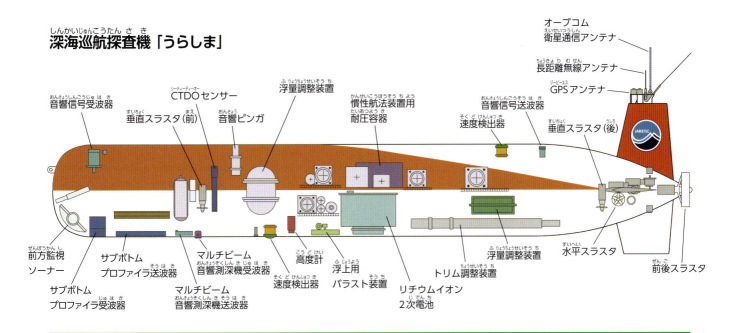

全自動長距離航走を成功にみちびいた技術

　無人機がさまざまな障害物のある海中を航走するには、みずから現在位置を計測したり、すすんだ距離を計測したりする能力が必要になります。地上では、人や車の位置を知るために、人工衛星を使ったGPS（全地球測位システム）が使用されていますが、電波がほとんど伝わらない海中では使うことができません。そこで「うらしま」は、運動量を計測しながら移動して距離をもとめる「慣性航法」と、海底に設置された音響灯台からの信号によって距離をもとめる「音響航法」を組みあわせて航走しているのです。

　「うらしま」の動力源はリチウムイオン電池です。建造時は、開発試験を目的として水素と酸素を使った燃料電池を使用し、317kmにもおよぶ全自動長距離航走に成功しました。動力として燃料電池、リチウムイオン電池の両方が使われていましたが、「うらしま」の開発がおわり、研究調査に使用される段階になったタイミングで、「しんかい6500」とおなじ「リチウムイオン2次電池」にかえられました。

JAMSTEC 深海探査機「ゆめいるか」

「ゆめいるか」は、おもに精密な海底調査や、海底資源の探査をするためのAUVです。海底のおなじ場所にいろいろな方向から音波をあてて、くわしい情報を集めることができます。機体の前後に、計8枚のつばさがあり、それぞれべつべつに動かすことができます。海底の地形が複雑であっても、海底からの高度を一定にたもちつつ、しかも機体の姿勢を水平にたもちながら移動することができます。

「ゆめいるか」

【データ】
【全長】5.0m 【幅】1.2m
【高さ】1.2m 【重量】2.7トン
【最大潜航深度】3000m
【速力】2～3ノット
【航行時間】16時間程度

JAMSTEC 深海探査機「じんべい」

海水の酸性かアルカリ性かの度合いと二酸化炭素の濃度を同時に計測できるAUVです。海水は、二酸化炭素濃度が高いと酸性に近づき、生物に悪影響をあたえるおそれがあります。「じんべい」に搭載されたセンサーは、海水の性質や二酸化炭素濃度を計測することができます。また、サイドスキャンソーナーによる海底の音響画像データや、マルチビーム音響測深機による高精細な海底地形データを広範囲にわたって収集することも可能です。

「じんべい」

【データ】
【全長】4.0m 【幅】1.1m
【高さ】1.0m 【重量】1.7トン
【最大潜航深度】3000m
【速力】2ノット
【航行時間】10時間程度

JAMSTEC 深海探査機「おとひめ」

海底付近での調査ができるAUVです。2台の高性能カメラをもちいた「ステレオ視カメラ」で、3次元の情報を得て、地形の大きさや距離などの情報を観測することができます。また、「おとひめ」にはマニピュレータ（ロボットアーム）が搭載されていて、母船と光ファイバーケーブルをつないで遠隔操作することによって、サンプルを採取することもできます。

「おとひめ」

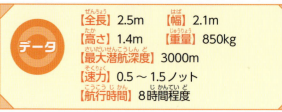

【データ】
【全長】2.5m 【幅】2.1m
【高さ】1.4m 【重量】850kg
【最大潜航深度】3000m
【速力】0.5～1.5ノット
【航行時間】8時間程度

海上保安庁　自律型潜水調査機器「ごんどう」

「ごんどう」は、2013年から運用が開始されました。母船は、おなじく海上保安庁が保有する大型の測量船「拓洋」です。

海上保安庁では、航海の安全や海洋権益の保全のため、「拓洋」などによる測量をおこなっています。測量する際には、船底から音波（マルチビーム）を照射し、音波が海底にあたってはねかえってくるまでの時間をはかることで、水深を計算しています。「ごんどう」は海底近くまで潜航できるので、よりくわしいデータの計測ができます。

「ごんどう」は、「拓洋」から海面におろされると、まず人が無線で操縦して、目標ポイントまですすめます。そして、ミッション開始の命令がくだされると、「ごんどう」は、みずから海底近くまでもぐり、事前にプログラムされた経路で潜航しながら調査したあと、海面まで浮上してきます。

データ
- 【全長】4.3m
- 【重量】610kg
- 【最大速力】5ノット
- 【最小旋回半径】10m（3ノット時）
- 【最大上昇角度】45度

海に投入された「ごんどう」。

母船の測量船「拓洋」。全長96m、幅14.2m、総トン数2400トン、航海速度17ノット。

深海調査 Q&A

Q 海底にも火山があるって、本当なの？

A 本当です。海底にある火山は「海底火山」とよばれ、地上の火山と同様に、地中深くからマグマがふきだして、それがかたまってもりあがり、山になったものです。また、海底には温泉もあります。「熱水噴出孔」（⇨p.25）とよばれるもので、海底下でマグマにあたためられた水が熱水となってふきだしています。熱水噴出孔の近くには、熱水にふくまれるメタンや硫化水素などの化学物質を利用する独特の生物たちがすんでいます。

Q 海底を掘って、なぜ地球の歴史がわかるの？

A 海底を掘って採取される筒状のサンプルは「コア」とよばれています。海底では堆積物がふりつもり、深くなるにしたがって年代も古くなる地層があります。その下の岩石はプレートができたときから海溝にしずむまでに年代も古くなっていきます。これらを掘りぬいて得たコアを分析することにより、過去の気候や生物の活動のようす、地殻の変動などがわかり、地球の歴史や環境の変化を知る手がかりになります。地球深部探査船「ちきゅう」は、海底から7000mの深さまで掘りすすめる能力があります。地球の構造や歴史を調べるほか、巨大地震のメカニズムや地下生命圏など、さまざまな分野での活躍が期待されています。

Q 「マリンスノー」って、なんですか？

A 深海では、無数の白い粒子が舞っています。1950年代、潜水探測機「くろしお」に乗った北海道大学の研究者らがライトに照らされたこの白い粒子を見て、「Marine snow（海の雪）」と名づけました。正体は、じつはプランクトンの死がいや生物のふんなどですが、この詩的な言葉は、いまや世界中で使われるようになっています。

Q 深海生物は、暗い深海でどうやって生きているの？

A 海の中は、深くなればなるほど暗くなります。深度1000mをこえると、太陽の光がまったくとどかなくなるので、生物によっては、弱い光を集めるために望遠鏡のような目をしているものもいます。また、目が退化して見えないかわりに、においに敏感だったり、微妙な海水の動きを感じたりして、敵やえさに気づく生物もいます。

Q 深海生物が水圧でつぶれないのは、なぜなの？

A 深度が深くなればなるほど、水の圧力は巨大になります。たとえば、深度1000mの深海では100気圧以上になります。これは、わずか1cm²の面積に対して100kg以上の重さがのしかかってくるという過酷な環境です。陸上にすむ動物なら肺がつぶれてしまうし、浅いところにすむ魚なら浮き袋がつぶれてしまいます。多くの魚の浮き袋には気体がはいっていて、その量を調整することで、魚は海中でういたり、しずんだりできます。一方、深海にすむ生物は高圧にたえられるさまざまなしくみをもっています。たとえば、強靭でつぶれない浮き袋や、気体のかわりに脂で満たされた浮き袋をもっていたりします。脂は気体とちがって、水圧が高くなってもほとんど体積がかわらないからです。

Q 「しんかい6500」の人が乗る部分は何でできているの？

A コックピットが内蔵された耐圧殻は、チタン合金というじょうぶな金属でつくられました。2つの半球を溶接という技術でくっつけ、球の形の耐圧殻ができあがりました。深海の高い圧力にたえて安全に調査できることをたしかめるための試験をおこない、深度1万5000m相当の水圧にたえられることがわかりました。また、のぞき窓は厚さ約14cmのメタクリル樹脂の透明な素材からできていて、深海の高い水圧にたえる強度がある一方、水圧によってわずかに変形する耐圧殻に対応できるやわらかさもあります。

Q 「しんかい6500」には、どういう人たちがかかわっているの？

A 「しんかい6500」は、JAMSTEC（海洋研究開発機構）が所有する有人潜水調査船です。運航は、十数名のスタッフからなる運航チームによっておこなわれます。運航チームは、支援母船の「よこすか」に乗船し、世界中の海で調査をつづけています。そして、「しんかい6500」は、年に1回はJAMSTEC横須賀本部の整備場で、約3か月かけて船体をばらばらにして整備点検をおこないます。乗船するのは、運航チームのパイロット（船長）とコパイロット（船長補佐）の2名、それに研究者が1名くわわります。「しんかい6500」で調査する内容は公募によってきめられています。

Q 「しんかい6500」の船内に、トイレはあるの？

A 「しんかい6500」にはトイレがありません。潜航する際は、コックピットの中に簡易トイレを用意します。通常、8時間程度潜航しますが、排泄したくなった場合は簡易トイレですませます。食事は、おにぎりやサンドイッチなどの軽食が用意されます。

Q 「江戸っ子1号」って、なんですか？

A 2013年に開発された、フリーフォール型深海探査カメラシステムのことです。東京都・千葉県の6社の中小企業と、大学、信用金庫などがプロジェクトを組んでつくりあげました。ビデオカメラ、ライト、音響トランスポンダ、GPS受信機などを直径33cmのガラス球4つにいれてならべたもので、船上から海底にしずめます。空中重量が50kgと軽くてあつかいやすいうえに、深度8000mの水圧にもたえ、ハイビジョン動画の撮影ができます。

さくいん

あ

ROV（アールオーブイ）……………………… 36
IODP（アイオーディーピー）………………… 32
アジマススラスタ……………… 32、33
アルビン……………………………… 11
アルビンガイ……………………… 25
伊豆・小笠原海溝………………… 13
イソギンチャク………………… 24、25
うらしま…… 6、29、30、40、41
Aフレームクレーン… 19、26、34
AUV（エーユーブイ）………………… 36、40、42
江戸っ子1号……………………… 45
FNRS（エフエヌアールエス）……………………… 10
オーギュスト・ピカール……… 10
沖縄トラフ……………………… 22、23
おとひめ………………………… 40、42
音響航法……………………………… 41
音波………………… 16、19、42、43

か

かいこう… 6、29、31、34、35、38、39
海溝………………………… 4、13、34
カイコウオオソコエビ…………… 39
海上保安庁……………………… 40、43
海底火山……………………………… 44
海底広域研究船………………… 30、36
海膨……………………………………… 23
かいめい……………………… 30、36
海洋科学技術センター………… 6、11
海洋研究開発機構…………… 6、11、45
海洋地球研究船…………………… 6、7
海洋プレート……………………… 13

海里………………………………… 12
かいれい…… 29、31、34、35、38
海嶺……………………………… 13、23
ガラパゴスハオリムシ…………… 24
慣性航法……………………………… 41
気圧………………………………… 5、45
北アメリカプレート……………… 13
くろしお……………………… 11、44
鯨骨生物群集…………………… 22、23
コア………………………… 7、33、44
光合成………………………………… 5
ゴエモンコシオリエビ…………… 24
コックピット… 14、16、17、45
コニカルハッチ…………………… 14
コパイロット……………… 17、45
ごんどう…………………… 40、43
コントローラー…………… 16、17

さ

相模トラフ……………………………… 13
サンプルバスケット… 12、14、37
シークリフ……………………………… 11
GPS（ジーピーエス）……………………… 41、45
支援母船…… 18、20、34、37、38、45
地震…… 12、13、22、23、32、36、37、44
地震・津波観測監視システム… 30
JAMSTEC（ジャムステック）… 6、7、26、31、36、40、42、45
植物プランクトン………………… 4、5
自律型潜水調査機器……………… 43
自律型無人探査機………… 36、40
シロウリガイ……………………… 25

しんかい……………………………… 11
深海……………… 4、10、22、24
深海巡航探査機… 6、29、30、40、41
深海生物…… 6、13、24、37、44
深海潜水調査船支援母船… 18、21、31
深海層…………………………………… 4
深海探査機………………… 30、31、42
深海調査研究船… 29、31、34、38
しんかい2000…………………… 11、12
シンカイヒバリガイ……… 24、25
しんかい6500… 5、6、8、9、11、12、13、14、15、16、17、18、19、20、21、22、23、24、26、27、31、41、45
じんべい…………… 29、31、40、42
水圧……………………………………… 5
水中通話機……………………… 16、19
垂直安定ひれ…………… 12、15、26
垂直スラスタ…………… 15、20、41
水平スラスタ… 14、15、17、41
スケーリーフット……… 22、23、25
スラスタ… 15、21、36、37、38、41
駿河トラフ……………………………… 13
潜航服……………………………… 5、17
全自動長距離航走………… 40、41
漸深層………………………………… 4
潜水探測機…………………… 11、44
潜水調査船………………… 12、18
ソーナー…… 14、30、31、41、42
測量船………………………………… 43

た

耐圧殻 …… 12、14、16、26、45
太平洋プレート ………… 13
大洋底 ……………… 4
大陸斜面 ……………… 4
大陸棚 ………………… 4、11
大陸プレート …………… 13
拓洋 …………………… 43
地殻 …………… 6、32、34、44
ちきゅう …… 6、31、32、33、44
地球シミュレータ ………… 7
地球深部探査船 … 6、31、32、44
千島・カムチャツカ海溝 …… 13
チムニー ……………… 24、25
チャレンジャー海淵 …… 10、39
中深層 ………………… 4
チューブワーム ………… 24
超深海層 ……………… 4
デリック ……………… 32、33
トリエステ …………… 10
ドリルパイプ ………… 33、36
ドリルビット ………… 33

な

南海トラフ ………… 13
南西諸島海溝 ……… 13
二酸化炭素ハイドレート … 12
日本海溝 …………… 13
熱水噴出孔 …… 12、25、39、44
熱水噴出物 …… 22、23
のぞき窓 ……… 14、16、17
ノチール ……………… 11
ノット ………………… 12

は

ハイパードルフィン ……… 29、37
パイロット … 5、16、17、37、45
ハオリムシ …………… 24
パスカル ……………… 5
バチスカーフ型潜水船 …… 10
バチスフェア ………… 10
バラストウエイト …… 15、20、21
ビークル ……… 31、35、38、39
表層 …………………… 4、24
フィリピン海プレート ……… 13
フェアリング ………… 26
ブラックスモーカー …… 24、25
浮力材 …… 11、15、21、26、27
ブルースモーカー …… 22、23
プレート ……………… 13
ペイロード …………… 12
ヘクト ………………… 5
ヘクトパスカル ……… 5
補助タンク …… 15、20、21
ホワイトスモーカー …… 22

ま

マニピュレータ … 12、14、16、37、38、39、42
マリアナ海溝 ……… 4、10、39
マリンスノー …………… 44
マルチチャンネル反射法探査システム …… 34、35
マントル ……………… 6、32
ミール ………………… 11
みらい ………………… 6、7

無人探査機 … 6、29、31、34、36、37、38
メインスラスタ … 15、17、26、27
メインバラストタンク … 15、20、21、27

や

有人潜水船 ……………… 10
有人潜水調査船 … 6、9、11、12、14、20、31、45
ユーラシアプレート ……… 13
ユノハナガニ ………… 24、25
ゆめいるか ……… 30、40、42
揚収 …………………… 21
よこすか … 18、19、20、21、26、27、31、45

ら

ライザー掘削システム …… 32
ライザーパイプ ………… 33
ランチャー …… 31、35、38、39
琉球海溝 ………………… 13
ロボットアーム ……… 14、38、42

編者　ワン・ステップ

児童・生徒向けの書籍や副読本、学習教材などを制作する編集プロダクション。ＰＨＰ研究所の図鑑シリーズに『富士山の大図鑑』『宇宙おもしろ実験図鑑』『花火の大図鑑』『食虫植物ふしぎ図鑑』『郷土料理大図鑑』などがある。

協力　国立研究開発法人海洋研究開発機構（JAMSTEC）

平和と福祉の理念にもとづき、海洋科学技術と海洋研究の発展のために、海洋・地球・生命の統合的な理解をめざして研究開発をおこなう機関。「ちきゅう」や「しんかい6500」などの船舶・探査機などを所有・運用するとともに、海から地球科学の調査研究をおこなう。

デザイン………VolumeZone
イラスト………川下隆
図　版………中原武士
Ｄ Ｔ Ｐ………ONESTEP

画像提供………海洋研究開発機構、日本放送協会、海上保安庁

深海大探検！
なぞにいどむ調査船・探査機大集合

2016年9月7日　第1版第1刷発行
2022年8月2日　第1版第5刷発行

編　者　ワン・ステップ
協　力　国立研究開発法人海洋研究開発機構（JAMSTEC）
発行者　永田貴之
発行所　株式会社ＰＨＰ研究所
　　　　東京本部　〒135-8137　江東区豊洲 5-6-52
　　　　　児童書出版部　TEL 03-3520-9635（編集）
　　　　　　普及部　TEL 03-3520-9630（販売）
　　　　京都本部　〒601-8411　京都市南区西九条北ノ内町 11
　　　　PHP INTERFACE　https://www.php.co.jp/
印刷所
製本所　図書印刷株式会社

© ONESTEP & JAMSTEC 2016 Printed in Japan　　ISBN978-4-569-78573-8

※本書の無断複製（コピー・スキャン・デジタル化等）は著作権法で認められた場合を除き、禁じられています。また、本書を代行業者等に依頼してスキャンやデジタル化することは、いかなる場合でも認められておりません。
※落丁・乱丁本の場合は弊社制作管理部（TEL 03-3520-9626）へご連絡下さい。送料弊社負担にてお取り替えいたします。

47P　29cm　NDC452